Émile Blanchard

Les Conditions de la vie chez les êtres animés

Le savoir
en poche

ISBN : 978-1547072453

10 9 8 7 6 5 4 3 2 1

Émile Blanchard

Les Conditions de la vie chez les êtres animés

Le savoir
en poche

Table de Matières

Section I

Les conditions d'existence auxquelles les êtres sont soumis offrent une diversité prodigieuse, en harmonie avec la diversité même des formes animales. Il y a en effet entre l'organisation, les particularités de séjour, les aptitudes, les mœurs, les instincts, l'intelligence des êtres, des relations intimes qui appellent l'étude profonde, et après l'étude — la méditation. On sent que cette étude est la voie sûre pour conduire à l'interprétation juste de la plupart des phénomènes de la vie et à l'idée saine du plan de la création. La possibilité de s'arrêter avec fruit sur un tel sujet date presque d'hier; elle ne pouvait venir qu'après la multitude de recherches scientifiques poursuivies jusqu'à notre époque. Il est donc utile de présenter un rapide aperçu des phases par lesquelles on a dû passer avant de voir se manifester les vues que nous voulons exposer.

En tout pays, chez les peuples primitifs comme chez les nations policées, la plus vague contemplation du monde animé a permis de reconnaître des conditions d'existence imposées par la nature aux divers représentants de la création. Tandis que les caractères les plus apparents, les traits d'organisation les plus remarquables restent inaperçus des observateurs superficiels, les principales aptitudes et le séjour des êtres les plus répandus n'échappent à personne. Les premiers hommes ont remarqué qu'il y avait des créatures

en quelque sorte attachées à la terre, d'autres douées de la faculté de se mouvoir dans l'air, d'autres enfin destinées à vivre dans l'eau. Animaux terrestres, aériens, aquatiques, voilà les seules distinctions avant tout examen un peu attentif. Dans le spectacle de la nature, rien ne frappe plus vivement l'esprit humain que les circonstances de la vie.

L'idée presque naïve qui fait concevoir de grands rapports entre les êtres les plus dissemblables, s'il y a quelque analogie dans certaines facultés et dans le séjour, s'enracine si profondément qu'elle persiste en présence de notions bien suffisantes pour la faire abandonner. Les exemples abondent. Autrefois, pour tous les yeux qui, avec une sorte de terreur superstitieuse, considéraient les chauves-souris pendant leurs rapides évolutions nocturnes, ces animaux, ayant la faculté de voler, devaient être des oiseaux. A une époque à laquelle déjà des connaissances scientifiques étaient acquises, les ignorants n'étaient plus seuls à suivre cette opinion. Les chauves-souris ont le corps couvert de poils, elles ont des dents, elles mettent au monde des petits vivants, elles allaitent leurs jeunes, en un mot elles réunissent tous les caractères essentiels des animaux terrestres habituellement désignés sous le nom de quadrupèdes. Des hommes instruits de ces faits par l'observation continuent néanmoins, comme les ignorants, à voir dans les chauves-souris des oiseaux d'une forme étrange ou tout au moins des êtres qui tiennent à la fois des oiseaux et des quadrupèdes. Au XVIe siècle, Belon, le naturaliste voyageur, Scaliger, le célèbre érudit, se contentaient de ce genre d'appréciation. Un sentiment aussi mal fondé se prononce bien plus énergiquement encore à l'égard des dauphins et des baleines ; la persistance à regarder ces habitants des mers comme des poissons cède avec une peine extrême devant la notion exacte des traits les plus caractéristiques de leur organisme. Comme à la condition de séjour commune aux dauphins et aux poissons se joignait une assez grande ressemblance dans la forme générale du corps, on résista beaucoup avant de reconnaître la vérité. On n'ignorait pas que les baleines et les dauphins sont des animaux à sang chaud, les poissons des animaux à sang froid, que les uns ont une respiration aérienne, les autres une respiration aquatique, que les premiers, véritables mammifères, fournissent du lait ; malgré tout, les baleines et les dauphins, vivant dans l'eau, semblaient ne pouvoir être que des poissons.

Si l'attention s'arrête le plus volontiers sur les conditions de séjour, elle est ensuite captivée par des aptitudes séduisantes. Sans avoir étudié, on a de tout temps admiré la construction du cygne et des autres oiseaux de la même famille si heureusement appropriée à leur mode de natation. Sans plus d'efforts, on a remarqué que les poissons réalisent par la forme de leur corps et par leurs nageoires les conditions les plus favorables pour se mouvoir dans l'eau. On n'a pas eu besoin de recherches pour apprendre que les ailes de l'oiseau et de l'insecte sont les instruments qui permettent à ces animaux de se soutenir dans l'air et de traverser des espaces plus ou moins considérables. A toutes les époques, les ailes ont été pour les hommes un objet d'envie, un idéal. En imagination, il existe des anges, et ces créatures célestes à forme humaine portent des ailes. S'élever en peu d'instants à de grandes hauteurs, franchir avec rapidité de vastes étendues, se dérober d'une façon presque soudaine à ceux que l'on veut fuir, tomber à l'improviste en certains endroits pour y découvrir des choses secrètes ou charmantes, sont des désirs qui ont agité bien des cœurs.

Quelques-uns des traits généraux de la nature ont été inévitablement sensibles dans tous les âges aux yeux des hommes les moins enclins à se livrer à de hautes spéculations ; seulement rien n'était compris. Les premiers qui conçurent la pensée d'écrire l'histoire des animaux demeuraient sous l'empire des idées régnantes, ils s'arrêtaient aux apparences, qui suffisent pour satisfaire l'esprit de simples contemplateurs ; mais vint le jour où des naturalistes songèrent à dresser une sorte d'inventaire de la nature. Alors de la nécessité de donner de chaque animal un signalement propre à le faire reconnaître naquit la préoccupation de saisir des particularités de conformation communes à un plus ou moins grand nombre d'espèces, sans désormais beaucoup s'inquiéter du genre de vie. On commença de s'apercevoir que des créatures très rapprochées par les caractères de leur organisation peuvent avoir des mœurs et un régime alimentaire fort différents. Cette vérité entrevue, on était loin cependant d'avoir une conception nette des formes typiques auxquelles se rattachent les êtres animés. Aussi ce fut un événement lorsque George Cuvier, plus instruit que ses devanciers, découvrit « qu'il existe quatre formes principales d'après lesquelles tous les animaux semblent avoir été modelés. » Cette nouvelle clarté reçut bientôt tout l'éclat imaginable par les observations d'un professeur de Saint-Pétersbourg, travaillant et méditant sans souci des opinions plus ou moins acceptées. Il était arrivé à cet investigateur patient et habile de constater que les caractères des êtres dans leur état d'embryons assuraient les divisions naturelles reconnues par Cuvier, et dont il y avait seulement à rectifier les limites. D'un autre côté, d'heureuses inspirations écloses dès les premières années de notre siècle imprimaient aux recherches une direction particulièrement favorable aux progrès de la science. Des comparaisons faites avec méthode procuraient la certitude que tous les représentants de chacun des grands types zoologiques sont construits d'après un même plan fondamental, que les différences portent simplement sur la configuration des parties, sur le degré de développement ou de perfection, sur l'appropriation à des usages variés : vérité admirable peu à peu dégagée de l'obscurité, puis défendue contre de vieux errements avec une sorte d'enthousiasme excité par le sentiment d'une grande cause à gagner pour l'esprit humain. Avec des succès mêlés de quelques revers dus à l'absence de connaissances encore suffisamment précises, on apportait chaque jour davantage les preuves que tous les animaux vertébrés, mammifères, oiseaux, reptiles, poissons, ont les mêmes organes situés dans des rapports constants, que tous les animaux articulés, insectes, arachnides, crustacés, dérivent d'un seul plan primordial. Pour les vertébrés, la démonstration est venue en grande partie des efforts de Geoffroy Saint-Hilaire ; pour les articulés, elle a été faite par Savigny.

Émile Blanchard

A partir de ce moment, il devint presque facile de comprendre la raison de la configuration ou du degré de développement de diverses parties de l'organisme, et d'avoir la signification d'un changement dans les formes. Un guide d'une sûreté incomparable était donné aux investigateurs. Sous l'impression de la joie bien légitime que faisaient éprouver le succès obtenu et plus encore l'idée grande et philosophique qui avait dominé dans la recherche des parties de même nature, ou, suivant l'expression actuelle, des *parties homologues* chez des animaux aussi différents que les poissons, les reptiles et les mammifères, on se demanda si l'*unité de composition* ne s'étendait pas au règne animal tout entier. Il y eut ainsi quelques tentatives pour assimiler les organes de l'insecte à ceux de l'animal vertébré ; elles ne furent pas heureuses. Les organes ne conservent ni les mêmes rapports, ni les mêmes situations chez ces deux types ; c'est en s'attachant exclusivement à des caractères de structure et à la fonction des parties qu'il est possible d'arriver à une sorte d'assimilation.

L'idée exacte de la constitution générale des animaux s'étant fait jour, les études d'anatomie, convenablement dirigées, cessaient d'avoir pour unique objet la configuration des organes ; elles devaient tendre à l'interprétation des modifications de l'organisme, à la détermination du rôle des parties, à la découverte du mécanisme des appareils. Sous l'inspiration de ces vues, les résultats obtenus ont été immenses, et la science a grandi avec une merveilleuse rapidité. D'autre part, l'étude intime des tissus a mis en lumière ce fait important, que les éléments primitifs présentent les mêmes caractères essentiels chez tous les êtres animés. Par des expériences habilement conduites sur les animaux vivants, des fonctions de différentes parties de l'organisme, qu'on n'aurait sans doute jamais soupçonnées à l'aide de tout autre mode de recherche, ont été mises en évidence. Les investigations sur les phases successives du développement des animaux, en montrant pour tous une origine identique, en révélant les détails les plus curieux sur les changements qui se produisent dans les organes et dans, les conditions d'existence d'une foule d'espèces, en apportant les comparaisons les plus instructives entre les états permanents et les états transitoires d'une infinité d'êtres, ont ouvert de nouveaux horizons à la philosophie.

Ainsi nous sommes arrivés à une époque où la science, riche de vérités solidement établies, a pris un caractère de grandeur des plus remarquables. A l'aide des moyens si variés dont les investigateurs ont usé, on est assuré de faire encore de belles et nombreuses découvertes, de compléter bien des connaissances restées imparfaites, de parvenir à de nouvelles généralisations ; mais une vue différente de celles qui, jusqu'à présent, ont servi de guide aux naturalistes, commence à se manifester, promettant de porter au plus haut degré nos ressources dans l'investigation des phénomènes de la vie. Lorsque, seule, l'étude comparative des instruments ne suffira plus pour éclairer sur le but de certaines modifications, pour expliquer la raison de divers changements dans les formes, dans les dispositions, dans le développement excessif ou dans l'atrophie de quelques parties, lorsque à son tour la recherche expérimentale, nécessairement condamnée à se mouvoir dans des limites assez restreintes, deviendra impuissante, les ressources de l'esprit scientifique ne seront pas épuisées. Il restera encore à suivre ce que l'on pourrait appeler l'expérience de la nature. En un mot, c'est de l'observation constante des coïncidences entre tous les détails de l'organisation et les circonstances de la vie de chaque animal qu'il faut attendre la solution des plus grands problèmes de l'histoire naturelle. Rien dans l'organisme, semble-t-il, n'existe sans un rôle à remplir. A cette règle, on entrevoit une seule exception ; des parties dépendantes des téguments fort développées chez des mâles et absentes chez leurs femelles ne sont probablement autre chose que des ornements.

La conformité de séjour et d'aptitude n'est plus aujourd'hui pour aucun zoologiste le signe assuré de ressemblances fondamentales, et cependant, par suite de cette tendance que nous avons signalée, elle conduit encore parfois à de graves erreurs d'appréciation. Une des choses les plus admirables de la nature, c'est l'extrême diversité obtenue d'un fonds commun, diversité qui, chez les êtres, se manifeste à la fois dans leurs caractères et dans les circonstances de leur vie. Une variabilité de conditions d'existence souvent grande chez les espèces d'un même groupe naturel, une sorte de répétition de conditions analogues chez des espèces de groupes plus ou moins dissemblables, portent cette diversité aux plus lointaines limites imaginables. De là les appropriations exclusives des caractères importants de l'organisme.

Par un exemple qui sera compris sans peine, l'idée du rapport qui existe entre les particularités de conformation et le genre de vie sera rendue plus précise. Chacun a entendu parler de ces distinctions d'oiseaux granivores et d'oiseaux insectivores appartenant à une science qui n'est plus de notre temps. Le moineau, le pinson, le chardonneret, sont réputés des granivores, — les fauvettes, les bergeronnettes, des insectivores, malgré leur régime moins exclusif qu'on le supposait autrefois. Tous ces oiseaux offrent absolument la même conformation générale ; les caractères qui les font distinguer au premier coup d'œil, comme la forme du bec, sont d'ordre tout à fait secondaire, et témoignent simplement d'adaptations à des circonstances biologiques quelque peu différentes. D'autres espèces d'oiseaux, presque sœurs par les mœurs et de parenté éloignée par l'ensemble de l'organisation, présentent des traits superficiels analogues qui trompent aisément les observateurs enclins à se fier à l'apparence. Tout le monde sait distinguer les petites hirondelles : hirondelle de fenêtre, hirondelle de cheminée, hirondelle de rivage, et la grande hirondelle ou martinet ; mais tout le monde aussi, sans en excepter beaucoup de naturalistes, se persuade que tous ces oiseaux, appelés d'un nom commun, appartiennent à la même famille. Il n'en est rien cependant ; les petites hirondelles ont la conformation des moineaux, et, presque seules, des appropriations à un genre de vie un peu particulier font la différence. La grande hirondelle est tout autrement construite, et nous montre une remarquable parenté avec ces charmants oiseaux de l'Amérique méridionale qu'on appelle les colibris. Petites hirondelles et grande hirondelle, représentants de deux types des mieux caractérisés, se nourrissent également d'insectes qu'elles doivent happer pendant le vol ; alors elles ont également un bec petit, large à la base et fendu jusqu'au-dessous des yeux ; également destinées à parcourir les airs avec rapidité et à franchir de grands espaces, elles ont également les pennes de leurs ailes d'une longueur exceptionnelle. Ainsi les espèces d'une infinité de groupes naturels, offrant des dissemblances plus ou moins grandes dans leur genre de vie, se font remarquer par des particularités très apparentes, mais d'ordre secondaire, qui leur donnent les aptitudes nécessaires à des conditions d'existence déterminées ; des espèces de groupes tout à fait distincts peuvent donc se ressembler par quelques traits superficiels, signes certains d'appropriations soit à un régime, soit à des habitudes analogues. L'étude des êtres, poursuivie d'une manière comparative dans tous les détails de leur organisation et dans tous les actes de leur vie, peut seule conduire sûrement à distinguer ce qui est général de ce qui est particulier, et, comme but suprême, à reconnaître les grandes lois de la nature. La route est à peine tracée, et l'on voit en perspective l'interminable série de conquêtes qui viendront successivement accroître le domaine de la science. Si tout encore devait se borner à apprécier les relations de l'organisme et des circonstances de la vie, à acquérir une certitude même avant l'observation, directe à l'égard des habitudes d'un animal d'après la seule considération de sa conformation, ou à l'égard de particularités organiques d'après des aptitudes reconnues, le résultat serait déjà immense ; mais au-dessus d'un tel résultat s'élève la question des instincts, de l'intelligence, du sentiment, dans leurs rapports avec l'organisme, — la psychologie, appuyée sur des faits capables d'être démontrés par l'observation et l'expérience, et par la comparaison, cette précieuse source de lumière.

Dans cet ordre d'idées, nous avons à nous préoccuper des faits dont l'explication sera fournie par les données de la science actuelle et des sujets qui, pour être bien compris, réclament des recherches d'un nouveau genre. Au milieu d'un champ aussi vaste, nous devons nécessairement nous arrêter à un petit nombre d'exemples, — choisis parmi les plus frappants et les plus instructifs, — et négliger les choses de science tout à fait vulgaire. Il y aurait peu d'utilité à s'inquiéter des membres convertis en rames pour la natation et en organes pour le vol, ou des dents en harmonie avec le régime et les appétits, rien n'ayant été plus souvent cité par les naturalistes pour montrer leur puissance de déduction. Dans cette étude, dont les limites doivent être restreintes, nous ne chercherons pas à insister à l'égard de l'homme sur des coïncidences du genre de celles que nous nous proposons d'examiner chez divers animaux. Pour avoir un terme de comparaison, il nous suffira de remarquer que l'homme, doué d'une intelligence fort supérieure à celle de toutes les autres créatures, possède des avantages physiques aussi prononcés dans l'attitude de son corps et dans la forme de sa main, cet incomparable instrument naturel. L'instrument étant donné, doivent être donnés instinct et intelligence capables de le mettre en usage et d'en tirer tout le parti possible. C'est là une vérité absolument générale, destinée à sortir éblouissante de l'observation et par-dessus tout de la comparaison des faits, et qu'il est nécessaire d'avoir sans cesse devant les yeux.

Section II

Comme nous voulons examiner en premier lieu quelques animaux de diverses classes, remarquables par des particularités de leur conformation extérieure et en même temps par des aptitudes spéciales, il nous paraît bon d'appeler l'attention sur un mammifère fort étrange : l'aye-aye ou chiromys de Madagascar.

Après avoir parcouru la Chine et les Indes orientales durant les années 1774 à 1780, Sonnerat, un voyageur français, aborde sur la côte occidentale de cette grande terre de Madagascar, si intéressante par ses productions naturelles. Les indigènes lui amènent un animal gros comme un chat et couvert d'une épaisse toison ; ils le voyaient eux-mêmes pour la première fois, et ils exprimaient leur surprise en répétant *aye, aye*. Sonnerat, confondu d'étonnement aussi bien que les Malgaches, tentait vainement de rattacher ce mammifère à un type connu ; il lui trouvait des rapports de physionomie tout à la fois avec les écureuils, les makis et les singes. Par un singulier caprice, le naturaliste voyageur désigna le curieux animal par l'exclamation qui avait énergiquement frappé ses oreilles, et le nom a été conservé.

L'aye-aye, dont l'activité ne se manifeste que pendant la nuit, a de gros yeux arrondis comme ceux des hiboux et des chats-huans. Il est doux, craintif, dormant tout le jour, la tête cachée entre les jambes et la queue repliée par-dessus. A ces traits s'ajoute une chose plus extraordinaire et tout à fait unique : les deux pieds de devant, qui ressemblent un peu à la main des singes, ont des doigts assez épais et garnis de poils ; un seul de ces doigts, celui du milieu, est nu, tout grêle, et doué de la faculté de se relever et d'agir d'une manière très indépendante des autres ; on croirait à une difformité. C'est ici que se révèle d'une façon saisissante un rapport entre un détail de conformation, des conditions d'existence singulières et un instinct très particulier. Sonnerat eut en vie, pendant deux mois, un mâle et une femelle qu'il nourrissait avec du riz cuit, dont ils se contentaient faute de mieux et sans doute au détriment de leur santé. Ils se servaient pour manger, rapporte notre voyageur, de leurs deux doigts grêles comme les Chinois se servent de baguettes. Cette remarque n'aurait pas jeté beaucoup de lumière sur le véritable usage de ce doigt grêle, si l'on n'avait été éclairé par des renseignements obtenus des habitons de Madagascar, et depuis peu par les observations de quelques voyageurs. L'aye-aye se nourrit en partie d'insectes, recherchant les plus volumineux et les plus délicats, les larves qui vivent dans les troncs et les branches d'arbres. Souvent les arbres sont fissurés, et il est possible d'atteindre les larves qui les rongent et de les arracher de leur retraite ; mais les fissures, étant étroites, ne livrent passage qu'à un instrument bien mince. Pour l'aye-aye, l'instrument est son doigt grêle. Avec l'instrument, l'animal ne peut manquer d'avoir à son service des sens, un instinct, une intelligence propres à le conduire au but déterminé. En effet, il a des yeux dont la pupille, extrêmement dilatable, donne largement accès à la pâle lumière du crépuscule ou de la lune, et lui permet d'errer la nuit au milieu des forêts sans la moindre difficulté. Il a des oreilles qui dénotent une grande finesse de l'ouïe, et, à n'en pas douter, il distingue le bruit léger d'une larve occupée à ronger le bois. Il apporte aux nécessités de sa recherche une intelligence surprenante : on peut le voir frapper un tronc ou une branche d'arbre de son ongle, en un mot recourir à la percussion pour reconnaître s'il existe une cavité capable de loger une larve. Doué d'un odorat subtil, l'aye-aye s'assure de la qualité des aliments. Le docteur Vinson, à qui nous devons d'intéressantes observations sur les animaux de l'île de Madagascar, rapporte qu'un aye-aye en captivité ne voulait pas de toutes les larves indistinctement, et les reconnaissait en les flairant. Le curieux mammifère, apparenté aux makis par l'ensemble de ses caractères, possède un système dentaire analogue à celui des rongeurs. Aimant ces fruits du tropique remplis d'une pulpe savoureuse, avec ses puissantes incisives il en entaille la dure enveloppe, introduit son doigt grêle par l'ouverture qu'il a pratiquée, et, approchant sa bouche de l'orifice, il fait couler la substance pulpeuse. Lorsqu'une main est fatiguée, il se sert de l'autre main.

Est-il possible de voir une créature mieux faite pour vivre dans des conditions étroitement déterminées, et dont la singularité des habitudes réponde d'une manière plus complète aux singularités de conformation ? Le célèbre naturaliste de l'Angleterre, M. Richard Owen, auteur d'une belle étude sur le chiromys de Madagascar, a trouvé ici de puissants arguments pour réfuter les idées trop facilement accueillies sur la mutabilité des espèces. Par ses caractères zoologiques, l'aye-aye est un être isolé dans la création ; comme les makis, ses plus proches alliés, il habite des forêts où les insectes fourmillent de tous côtés. Rien ne l'obligerait, pas plus que les animaux du même groupe, à préférer les espèces cachées dans les troncs d'arbres, si une destination propre, en rapport avec des instincts et des organes particuliers, ne lui avait pas été attribuée dès l'origine. Y a-t-il la moindre raison de supposer que l'amincissement d'un doigt des extrémités antérieures se soit produit par un usage forcé chez des individus d'une suite de générations qui n'avaient nul besoin de se soumettre à la peine pour trouver des aliments en abondance ?

Les animaux fouisseurs destinés à une vie souterraine sont bien connus sous le rapport de leurs caractères et de leurs instincts, répétés en quelque sorte chez les types les plus différents. Chacun remarque leur corps passablement long et à peu près cylindrique, leurs membres antérieurs courts, larges et d'une extrême puissance. Voyez la taupe, son corps n'offre aucune partie saillante capable de faire obstacle à une circulation facile dans des galeries étroites ; ses pieds de devant ressemblent à de fortes mains dont la paume calleuse est tournée en dehors avec des ongles larges et tranchants. Saurait-on concevoir pour écarter et briser la terre des instruments d'une plus grande perfection ? Le museau de l'animal, rendu résistant par la présence d'un os particulier, est un boutoir agissant comme une tarière. A ces particularités, qui expliquent si bien le genre de vie de la taupe, s'ajoutent des sens dont le degré de développement est en harmonie avec les conditions d'existence de ce mammifère. Des organes de vision sont inutiles à un être condamné à vivre dans les ténèbres ; ils sont rudimentaires. Pour se reconnaître dans de sombres réduits, un tact très fin est indispensable ; il est fourni par le museau presque nu, portant des poils raides, disséminés. Dans un espace resserré, pour être averti d'un danger ou de la présence d'insectes dont il s'agit de s'emparer, il est essentiel d'être sensible aux moindres bruits ; les organes d'audition répondent à cette exigence. En l'absence de la vue, pour être guidé dans la recherche de sa nourriture, un odorat très subtil est de première nécessité ; l'organe olfactif est très développé. Une organisation et des instincts si bien appropriés à la vie souterraine rendent à la taupe l'existence impossible dans toute autre condition.

On trouve chez un insecte des particularités de conformation, des habitudes, des instincts si analogues à ceux de la taupe, que cet insecte, d'après le sentiment populaire, a été appelé le taupe-grillon. Il a un corps presque cylindrique, des pattes antérieures refoulées vers la tête, avec les jambes prodigieusement larges et garnies de fortes dentelures de façon à prendre une sorte de ressemblance avec les pieds de la taupe. Les jambes du taupe-grillon et les pieds de la taupe sont des organes de nature absolument différente ayant reçu une appropriation à peu près identique.

Il y a des animaux qui, parmi ceux de la même classe ou de la même famille, n'offrent rien de plus extraordinaire qu'une particularité en apparence insignifiante. La raison de cette particularité minime est-elle trouvée, l'intérêt jaillit. Des oiseaux de la famille de notre coucou, répandus dans les régions chaudes de l'Afrique, de l'Asie et de l'Australie, connus sous le nom de coucals (*centropus*), en fourniront un exemple. On sait combien les barbes des plumes des ailes et de la queue sont flexibles et douces au toucher chez les oiseaux en général. Chez les coucals elles sont au contraire rigides et dures comme des épines. En l'absence d'observations, on aurait peut-être cherché longtemps sans résultat à quelle nécessité répondait cette structure des plumes, mais on a eu les remarques des voyageurs, et tout de suite on a saisi une merveilleuse appropriation. Les coucals habitent de sombres forêts et se nourrissent d'insectes qu'ils sont obligés d'aller chercher au milieu des lianes enroulées autour des arbres. Ces lianes sont d'une extrême dureté ; les plumes ordinaires des oiseaux seraient lacérées, déchiquetées au contact, celles des coucals y résistent.

Si nous voulions passer en revue les espèces d'oiseaux, pour chacune d'elles nous trouverions dans les détails de conformation des pattes les signes de certaines habitudes faciles à constater, — dans la forme et le développement du bec l'indice d'une prédilection pour une substance alimentaire. Sur ce sujet, on a enregistré une foule d'observations curieuses qu'il nous est impossible de rapporter. Voici cependant un exemple, pris à peu près indifféremment au milieu de beaucoup d'autres, d'un bec fort singulier, adapté à un régime très spécial, qui semble fournir un enseignement qu'il est bon de ne point négliger. Tout le monde connaît le bec-croisé (*loxia curvirostra*), cet oiseau assez joli de plumage qui hante les forêts d'arbres verts et les plantations de pins ; son bec a les mandibules très arquées en sens opposé et croisées vers les deux tiers de la longueur. Il faut voir l'oiseau pourvu de ce bec étrange brisant et épluchant les cônes résineux pour admirer la valeur d'un pareil outil. Une modification bien simple a suffi pour créer l'instrument au moyen duquel il attaque les pommes de pin, et cette sorte d'anomalie ne se produit qu'à une époque tardive du développement de l'animal. N'y a-t-il point là un motif propre à engager les naturalistes qui croient à la mutabilité des espèces à tenter une petite expérience ? Il s'agirait simplement d'emprisonner des becs-croisés dans un enclos et de les priver de leur nourriture habituelle en leur procurant en abondance les aliments recherchés par les oiseaux granivores. Ou les becs-croisés périraient sans se propager, ou, par suite d'un nouveau régime, après quelques générations leur bec aurait changé de forme, et en aurait pris une autre mieux appropriée à un genre de vie différent. Si l'expérience réussissait, notre oiseau des plus ne serait pas encore devenu un vulgaire moineau ou un gros-bec ordinaire, mais au moins la théorie dont on s'est beaucoup occupé aurait gagné un argument sérieux. Parmi les poissons, il y a des espèces qui saisissent leur proie au-devant d'elles ou même hors de l'eau, d'autres espèces qui cherchent leur nourriture dans les fonds vaseux. Chez les premières, comme la perche, la mâchoire inférieure dépasse la mâchoire supérieure ; chez les dernières, c'est le contraire, la bouche est refoulée en dessous, et souvent elle est accompagnée d'appendices charnus propres à remuer la vase ; le barbeau en est un exemple. Ainsi partout un caractère dénote des habitudes et des instincts auxquels l'animal ne peut se soustraire.

A l'égard des insectes et des arachnides, on a poussé fort loin l'étude des coïncidences entre les mœurs et les particularités de la conformation extérieure. L'examen des instruments de travail chez les espèces habiles à construire suffit aujourd'hui pour apprécier sûrement le genre d'industrie de l'espèce. Par la considération des appendices, on reconnaît de quelle façon et dans quelles conditions l'animal doit se mouvoir. Dans une infinité de circonstances, de la disposition des organes de la vue on déduit sans crainte d'erreur l'existence d'habitudes vagabondes ou sédentaires avec une foule de nuances. En même temps, chez les insectes et les arachnides, on suit pas à pas, mieux peut-être que partout ailleurs, les progrès de l'instinct et de l'intelligence avec les degrés de perfection des instruments, comme l'amoindrissement de ces facultés avec la simplification des appendices.

Une condition de séjour différente de celle qui se présente habituellement à nos regards offre un intérêt considérable relativement à l'appropriation des organismes aux milieux et à la question des origines des êtres. Des animaux de diverses classes vivent dans des endroits absolument privés de lumière ; ces animaux sont aveugles. Il y a juste un siècle, on découvrit dans des eaux souterraines de la Basse-Carniole une espèce de batracien d'assez grande taille, 30 à 35 centimètres, d'un blanc rosé, portant des branchies extérieures, en un mot ressemblant, avec de fortes proportions, à une larve de triton ou salamandre aquatique. C'était un animal aveugle ; un zoologiste le fit connaître sous le nom de protée serpentin (*protœus serpentinus*). La première idée fut que ce batracien était entraîné dans les grottes par les eaux qui, à l'époque des pluies, débordent des lacs de Sittich ; mais cette supposition ne se trouva point justifiée. Les protées n'ont jamais été pris que dans des eaux souterraines, et l'on s'en procure toujours aisément dans la grotte d'Adlesberg, située sur le chemin de Vienne à Trieste. Voilà donc une espèce d'un genre particulier, fort distinct de tous ceux qui existent en Europe, vivant d'une manière constante dans l'obscurité. Il y a dans le Kentucky, aux États-Unis, une caverne profonde, la caverne du Mammouth, abondamment pourvue d'eau. Aucune lumière n'y pénètre, c'est l'obscurité complète. Un poisson habite l'eau de la caverne où nécessairement vivent d'autres animaux et des végétaux capables de les nourrir. Ce poisson, blanchâtre, dépourvu d'écaillés, d'une espèce qu'on n'a jamais rencontrée ailleurs, est absolument privé de la vue ; ses yeux, à l'état rudimentaire et cachés sous la peau, sont sans usage possible ; son appareil auditif au contraire est très développé. Le poisson du Kentucky a été appelé l'amblyopsis des cavernes (*amblyopsis spelœus*), le nom de genre faisant allusion à la cécité de l'animal. L'amblyopsis présente dans l'ensemble de sa conformation des caractères tellement particuliers que les auteurs par lesquels il a été le mieux étudié n'ont pu le rapporter avec certitude à aucune des familles connues de la classe des poissons. Quelques zoologistes, peut-être à juste titre, ont vu en lui le type d'une nouvelle famille. M. Louis Agassiz, juge si autorisé dans la question, voulant garder une extrême réserve, a seulement déclaré qu'il inclinait à le considérer comme une forme aberrante de la famille des cyprinodontes. Le séjour de l'amblyopsis est extraordinaire, ses caractères ne sont pas moins particuliers. Entre tous les poissons, il n'est ni espèce, ni genre, ni famille même, où l'on aperçoive pour lui une véritable parenté. En présence de ces faits, il serait difficile d'admettre que le poisson de la caverne du Mammouth n'a pas été créé pour vivre dans la condition unique où il a été recueilli par les naturalistes.

A une époque encore peu ancienne, un. entomologiste de l'Allemagne se mit à explorer avec soin des grottes de la Carniole, et y découvrit des coléoptères carnassiers aveugles, fort agiles, tout pâles, étiolés, presque transparents, ayant une taille de 7 à 8 millimètres et des proportions pleines d'élégance. Ces insectes ne rappelaient de bien près aucune forme connue ; on les désigna sous le nom d'anophthalmes pour exprimer leur caractère le plus frappant, l'absence des yeux. Longtemps le fait demeura isolé, mais depuis quelques années des recherches actives, entreprises dans les grottes de l'Ariège, des Pyrénées et de différentes parties de l'Europe et de l'Amérique du Nord, ont procuré la découverte de beaucoup d'espèces distinctes appartenant au même genre. La chasse aux anophthalmes ne serait pas du goût de tout le monde. Par bonheur, les entomologistes sont des gens résolus à braver les situations pénibles et à subir bien des désagréments pour arriver à leur but. On pénètre dans les grottes avec des torchés et l'on avance en glissant sur le sol mouillé, et inégal, en se heurtant aux pierres, en s'écorchant aux aspérités. Près de l'entrée d'une grotte où l'obscurité n'est pas complète, on trouve parfois une espèce d'anophthalme ayant des yeux imparfaits, mais il faut aller plus loin pour apercevoir les agiles coléoptères aveugles que l'on cherche. Presque toujours c'est sur une étendue assez restreinte que le chasseur saisit ces insectes, courant sur les parois de la caverne ou blottis sous les pierres. Aujourd'hui les anophthalmes connus sont nombreux, et, fait digne de remarque, chaque espèce semble confinée dans une seule grotte ou dans quelques grottes peu éloignées les unes des autres. Si les chercheurs d'insectes aveugles étaient simplement excités par le désir de prendre des espèces étranges et d'en parer leurs collections, ils n'en ont pas moins servi utilement la science en procurant des éléments qui portent à méditer sur les conditions d'existence de certains êtres. Par leurs caractères zoologiques, les anophthalmes ont des rapports intimes avec des coléoptères de la même famille vivant à la lumière ; mais ils ont des formes et des proportions qui leur appartiennent tellement que l'idée d'une origine commune ne saurait venir à l'esprit d'aucun naturaliste. Les espèces observées dans différentes grottes et dans des conditions semblables sont parfaitement distinctes, et en trouvant chez la plupart d'entre elles une atrophie complète, non-seulement des yeux, mais aussi des nerfs optiques, il est difficile de croire à autre chose qu'à une appropriation d'organisme à un genre de vie spécial.

D'ailleurs dans les ténèbres des cavernes et des grottes profondes il y a des animaux de plus d'une sorte ; on y rencontre de petites crevettes, de petites araignées, des insectes de divers genres, tous privés d'organes de vision. Il y a dans ces sombres réduits des espèces phytophages servant, dans une certaine mesure, à la nourriture des carnassiers, — et des végétaux, certains champignons, les seules plantes connues susceptibles de se développer en l'absence de lumière, destinés à nourrir les espèces phytophages : c'est tout un petit monde séparé du reste du monde. L'anfractuosité d'une caverne, aussi bien que le recoin le plus enchanteur, est le séjour de nombreuses créatures qui se recherchent, se fuient, se massacrent et s'agitent dans un perpétuel tourbillon.

Qui pourrait n'être pas entraîné à chercher par la pensée à remonter jusqu'à l'origine de ces êtres privés de la vue dont l'existence semble si misérable ? M. Agassiz fut invité à donner son opinion sur l'état primitif des animaux sans yeux de la caverne du Mammouth. L'éminent zoologiste invoqua la nécessité d'une suite d'observations et d'expériences pour arriver à la certitude absolue. Il conseilla de tenter d'élever des embryons des espèces de la caverne en les soumettant à des conditions différentes de celles dans lesquelles on les trouve actuellement, et il termina par cette déclaration : « d'après tout ce que je sais de la distribution géographique des animaux, je suis convaincu que ceux-ci ont été créés dans les circonstances où ils vivent maintenant, dans les limites où ils se rencontrent et avec les particularités de structure qui les caractérisent aujourd'hui. » Ceux qui se tiennent en dehors de l'observation des faits doivent seuls être aisément portés à croire que les habitants des cavernes, poissons, insectes ou autres, sont aveugles parce qu'ils vivent et se reproduisent d'une manière incessante au milieu de circonstances où l'organe de la vue ne saurait remplir son rôle. En réalité, cette supposition n'a rien d'inadmissible d'après les lois du développement organique : une atrophie peut se produire sous certaines influences ; mais la connaissance des conditions de la vie strictement déterminées pour les animaux en général oblige à repousser une telle interprétation à l'égard des espèces des cavernes. On est à peu près assuré que les espèces destinées à voir le jour périraient ou cesseraient de se propager, si elles étaient confinées dans une atmosphère chargée d'humidité et plongées dans une obscurité complète. Depuis le moment où M. Agassiz a exprimé son opinion, des espèces aveugles ont été recueillies en grand nombre ; les observations se sont multipliées, et sur un point de la plus haute importance il ne reste pas de doute possible : les animaux des sombres réduits ne se rencontrent pas dans les endroits exposés à la lumière, et beaucoup d'entre eux par leurs caractères diffèrent des espèces clairvoyantes de façon à écarter toute idée de communauté d'origine.

Section III

Après les exemples d'appropriation des parties extérieures à des conditions d'existence déterminées, nous devons rechercher comment des parties de l'organisation interne expliquent des aptitudes spéciales. A cet égard, les faits acquis ayant le caractère de la précision absolue ne sont pas encore aussi nombreux qu'on pourrait le souhaiter, mais il y a lieu de beaucoup attendre des investigations qui se poursuivent de nos jours.

En 1853, le premier hippopotame vivant que l'on ait vu en Europe depuis le temps des Romains fut introduit dans la ménagerie du muséum d'histoire naturelle de Paris. C'était un événement, et chacun se plaisait à observer les allures étranges de l'animal dont les dépouilles, les descriptions et les images n'avaient pas donné une juste idée. Le nouvel hôte du Jardin des Plantes plongeait souvent dans son bassin pour reparaître bientôt à la-surface de l'eau ; mais à diverses reprises l'animal fit au fond de sa baignoire des séjours si prolongés, que plus d'une fois on fut pris d'inquiétude. Comme on ne s'expliquait point alors chez un mammifère de cet ordre la faculté de ne respirer qu'à des intervalles très éloignés, une asphyxie semblait possible. On cessa de s'en préoccuper quand on eut la conviction que l'hippopotame demeurait au fond de l'eau parce que tel était son agrément, et désormais on ne douta plus de l'existence de certaines dispositions organiques propres à l'animal amphibie. L'occasion de les étudier s'offrit plus tard. Le premier hippopotame était un mâle ; il vint une femelle, et de leurs relations naquirent des enfants ; plusieurs moururent, et Gratiolet, le professeur dont la parole a charmé tant d'auditeurs, se livra sur eux à une recherche sérieuse. Cette recherche a permis d'expliquer comment, chez l'hippopotame, l'asphyxie ne se produit qu'après une longue suspension de la respiration. Plusieurs remarquables dispositions des veines obligent le sang à s'accumuler sur place, à ne pas faire un brusque retour au cœur, à ne pas arriver en grande abondance aux poumons. De la sorte l'animal, soustrait à une imminente congestion du cerveau, des yeux, des poumons et même des muscles, conserve la liberté de ses mouvements.

Les chauves-souris, les jolies petites perruches appelées les *inséparables*, d'après l'idée d'un besoin d'affection chez ces charmants oiseaux, les *agapornis* des zoologistes, s'accrochent par les pattes et dorment la tête en bas. Dans cette position, la plupart des animaux seraient frappés de congestion cérébrale. Pareil accident n'est à craindre ni pour les chauves-souris, ni pour les petites perruches. On comprend la possibilité d'une attitude peu ordinaire chez ces animaux dès l'instant que l'on a observé le nombre et la disposition des valvules des veines de la tête et des parties antérieures du corps. La différence énorme qui existe dans la puissance et la rapidité du vol des oiseaux est bien connue. Le faisan, la perdrix, ont un vol lourd et peu soutenu ; le moineau n'est pas des mieux favorisés ; l'aigle, le faucon, les mouettes au contraire, sont merveilleusement doués sous le rapport du vol. Qui n'a, pendant les belles soirées, admiré les vertigineuses évolutions de la grande hirondelle ? Sans doute les dimensions relatives des ailes, la forme générale du corps, permettent déjà de se rendre compte, dans une certaine mesure, de la facilité plus ou moins grande des mouvements chez les oiseaux ; mais le partage inégal de la puissance de locomotion n'est pas dû seulement aux proportions du corps et des membres, il provient aussi de l'étendue de l'appareil respiratoire et de l'énergie de la circulation du sang. Si un faisan était entraîné dans la course d'un faucon, un moineau dans celle d'un martinet, le malheureux faisan, le pauvre moineau, seraient tout de suite essoufflés, et bientôt ils tomberaient inertes. Chez les oiseaux, la capacité des réservoirs aériens est toujours dans un rapport parfait avec le degré d'activité, la rapidité des mouvements, la puissance du vol. A cet égard, une étude comparative, qui n'a pas encore été faite d'une manière suffisante, donnerait lieu à des remarques pleines d'intérêt. La respiration étant plus ou moins active, la circulation du sang à son tour offre des variations correspondantes, circonscrites dans des limites fixées par la structure ou la disposition des organes. Chez les grands voiliers, le cœur a de plus fortes proportions eu égard au volume du corps que chez les espèces sédentaires. Le ventricule gauche, qui chassa le fluide nourricier dans tout le système artériel, a des parois d'une épaisseur considérable soutenues encore par d'énormes colonnes charnues chez les oiseaux d'un vol puissant, où les contractions doivent se faire avec le plus d'énergie. Il est curieux de suivre par l'examen toute la série des nuances dans les canards, les grues, les flamants, les goélands, les oiseaux de proie, où enfin se trouve réalisé le plus haut degré de perfection. Chez les espèces ayant un vol peu soutenu, comme les gallinacés, les perroquets, les moineaux, les mêmes parois, les mêmes colonnes charnues ne présentent comparativement qu'une résistance assez faible. De la même façon est modifiée la capacité du ventricule droit, dans lequel vient affluer le sang veineux ; médiocre dans les espèces d'habitudes tranquilles, elle est grande chez les espèces aux allures vives et capables d'exécuter de rapides voyages.

Autrefois des hommes simples s'imaginèrent qu'il suffirait de s'attacher des ailes aux épaules pour s'élever dans l'air. Si réellement l'idée amena un commencement d'exécution, la tentative dut aussitôt convaincre les plus entreprenants de l'inanité du projet. L'homme est sans force pour manœuvrer de grandes ailes, et, possédât-il la force, les proportions et la pesanteur de son corps resteraient des obstacles invincibles. L'oiseau, tout couvert de plumes, admirablement taillé pour son principal mode de locomotion, a des muscles d'une puissance prodigieuse pour mettre en mouvement ses membres antérieurs, et il offre peu de poids, car son corps renferme de vastes poches toujours remplies d'air, et ses os, pour la plupart, sont creux. De nos jours, l'idée de la navigation aérienne revient sans cesse ; il y a des chercheurs qui se préoccupent peu en général des données de la science, et qui néanmoins sont très convaincus de la possibilité d'un succès. Le modèle ne semble-t-il pas être dans la nature ? Mais c'est précisément ce modèle qui inspire au naturaliste la crainte que l'on ne poursuive une chimère. Le volume d'un aigle ou d'un condor n'est pas très considérable, et l'oiseau qui atteint une plus grande taille, sans perdre cependant aucun des caractères essentiels du type auquel il appartient, est inhabile à voler. L'autruche et les casoars demeurent à terre ; les gigantesques dinornis, qui vivaient à la Nouvelle-Zélande il y a peu d'années encore, ne volaient pas ; l'épyornis de Madagascar, dont les œufs énormes ont été une cause d'étonnement et presque d'admiration, n'était pas plus favorisé que les précédents. Ainsi l'observation de ce qui existe dans la nature donne à penser que la locomotion aérienne est incompatible avec de grandes dimensions.

Nous ne pouvons songer à prendre dans toutes les classes du règne animal des exemples de coïncidences entre les particularités de l'organisation et les aptitudes ; mais il en est un que tout invite à citer, parce qu'il porte sur des animaux qui sont habituellement sous les yeux de tout le monde. Une carpe vit à l'aise dans un bassin étroit dont l'eau bourbeuse n'est pas souvent renouvelée ; une truite jetée dans ce même bassin y meurt asphyxiée en quelques minutes ; il faut à la truite une eau courante et toujours bien aérée. La première consomme peu d'oxygène, sa respiration est faible ; la seconde a une respiration infiniment plus active. La différence dans la fonction est expliquée par quelques dispositions dans les branchies et dans l'appareil de la circulation du sang, et alors on comprend, pour la truite, la nécessité absolue d'un séjour autre que pour la carpe.

Parmi les particularités remarquables de la vie des êtres, il n'en est guère de plus instructives que les exceptions qui se présentent dans un grand nombre de groupes naturels. Ainsi les représentants d'une classe sont-ils généralement des animaux terrestres, quelques-uns néanmoins séjournent dans l'eau ; une classe est-elle composée d'espèces essentiellement aquatiques, plusieurs espèces de cette division zoologique possèdent la faculté de s'échapper de leur élément. Une telle différence dans les conditions d'existence n'entraîne pas ordinairement une modification profonde de l'organisme. On est frappé ici de la simplicité des moyens qu'emploie la nature pour obtenir un résultat considérable. Parmi les poissons et les crustacés, animaux si admirablement conformés pour leur genre de vie ordinaire, il est des espèces qui, volontairement ou accidentellement, passent une partie de leur existence hors de l'eau. Chez les animaux aquatiques, la mort survient dès l'instant que les organes respiratoires, cessant d'être baignés, commencent à se dessécher. Qu'il existe une disposition propre à empêcher l'écoulement du liquide contenu dans la chambre qui loge les branchies, l'animal pourra vivre assez longtemps à l'air libre. Les anguilles, qui aiment à se promener et qui s'aventurent sans danger au milieu des prés, doivent cette faculté au mode d'occlusion de leur chambre respiratoire. Les anabas des rivières de l'Inde, le gourami de la Chine, sont bien mieux pourvus encore ; ils possèdent un véritable réservoir formé de cellules circonscrites par des lames foliacées ; aussi, sans le moindre inconvénient, peuvent-ils s'écarter de leur séjour habituel et même faire d'assez longs voyages ; l'eau de leur réservoir s'écoule avec lenteur en humectant les branchies.

Comme les poissons, les crustacés en général demeurent constamment dans l'eau ; plusieurs crabes, il est vrai, sortent de la mer, mais prudemment ; ils ne s'éloignent pas du rivage, et leurs excursions sont de courte durée. Quelques espèces seules pénètrent dans les terres, et vont au loin courir les campagnes pendant des mois entiers. Ces crabes terrestres, ainsi qu'on les nomme (gécarcins), presque tous joliment parés de vives couleurs, sont répandus dans les régions chaudes de l'Amérique du Sud et fort abondants aux Antilles, où ils marquent par la dévastation leur passage à travers les champs. Ils se distinguent des autres crabes par une carapace bombée et extrêmement haute. On comprend tout de suite l'avantage de cette disposition : la carapace étant fort élevée, la chambre respiratoire est devenue spacieuse, et cette Chambre bien close, tapissée d'une membrane perméable, étant remplie d'eau, les branchies demeurent baignées. L'air aspiré vient alors pleinement satisfaire aux besoins de la respiration. Pour un crustacé habile à grimper sur les arbres, fort abondant sur les côtes de l'Inde, des îles Moluques, des îles Seychelles, etc., le moyen de vivre longtemps hors de l'eau est fourni par une autre disposition également bien simple. Ce crustacé de grande taille, appelé le birgue larron (*birgus latro*) parce qu'il mange les fruits, n'a ni une carapace très convexe, ni une chambre respiratoire très vaste ; mais au-dessus de ses branchies il existe des végétations vasculaires propres à retenir l'humidité et agissant à la manière d'une éponge. Partout nous arrivons à constater une relation étroite entre l'organisation et les aptitudes, entre les instincts et les caractères des parties externes. C'est ainsi que les conditions de la vie imposées à chaque espèce nous apparaissent déterminées de façon à faire regarder comme impossibles des modifications un peu considérables chez les êtres animés.

Section IV

Il est une relation d'un genre particulier, des plus intéressantes à suivre dans ses diverses manifestations, c'est celle qui existe entre les facultés des adultes et l'état des nouveau-nés. Les espèces inférieures sont assez fortement constituées dès le moment de leur naissance pour subvenir à leurs besoins sans le secours d'autrui. Les espèces qui nous donnent le spectacle des plus admirables instincts naissent faibles et incapables de vivre sans les soins de leurs mères ou de leurs nourrices. Parmi les êtres qui allaitent leurs petits, ne voyons-nous pas les plus intelligents, les mieux doués sous tous les rapports, venir au monde dans un état de faiblesse extrême, qui impose aux parents, et surtout aux mères, le devoir de garder et de protéger longtemps leurs enfants ? L'homme en est le premier et le plus grand exemple. Parmi les oiseaux, il y a une distinction plus tranchée que chez les mammifères, qui tous, sans exception, tirent leur premier aliment de leurs mères. Les poussins, au sortir de la coquille, sont déjà robustes et habiles à se nourrir par eux-mêmes : à la vérité, ils suivent leur mère et semblent réclamer sa protection ; mais,. s'ils l'accompagnent et se réfugient sous son ventre, c'est uniquement pour trouver la chaleur essentielle aux nouveau-nés de tous les animaux à sang chaud. William Edwards, le célèbre physiologiste, montra, il y a près d'un demi-siècle, que chez les nouveau-nés la faculté productrice de chaleur est rarement assez développée pour que la température de l'organisme puisse se maintenir au degré normal, si l'atmosphère se refroidit beaucoup. Les observations et les expériences des naturalistes prouvaient que les jeunes animaux doivent être tenus chaudement, et qu'à cet égard l'instinct des mères n'est jamais en défaut. MM. Villermé et Milne Edwards reconnurent, par un ensemble de faits bien constatés, que l'espèce humaine n'est pas soustraite à la loi générale, et de la sorte ils furent conduits à s'élever contre l'obligation barbare de transporter aux mairies les enfants nouveau-nés, qui courent en effet un danger de mort, si le froid vient à les saisir. On s'appuyait, pour montrer le péril, sur des données scientifiques irrécusables ; néanmoins il a fallu à quelques esprits d'élite quarante ans d'une persévérance à toute épreuve pour triompher de la routine administrative et obtenir à Paris l'abandon d'une pareille pratique.

Si, au sortir de l'œuf, les petits de la poule et de la cane, oiseaux d'une intelligence très bornée, n'ont besoin de leur mère que pour se réchauffer près d'elle, au contraire tous ces gentils oiseaux qui nous ravissent par leur chant, par leur industrie, par leurs amours, par leur intelligence, à nos yeux d'autant plus merveilleuse que la créature est plus mignonne, tous ceux que l'on habitue à vivre de notre vie domestique et qui répètent les paroles humaines, enfin ces fiers oiseaux comme l'aigle et le faucon sont dans l'obligation de veiller longtemps sur leurs petits. Après la naissance, ceux-ci sont condamnés à demeurer au nid des semaines ou des mois, et à tout attendre de leurs parents. Quels parents que les hardis moineaux, que les fauvettes et les rossignols au pur gazouillement, que les perroquets au bruyant ramage, que les faucons au cri strident ! Habiles à construire des nids moelleux, pleins de ressources pour en réunir les matériaux, ils se soumettent aux plus pénibles fatigues afin de veiller sur leur progéniture, afin de la défendre contre les attaques possibles ; ils déploient une activité prodigieuse pour trouver les aliments qui conviennent à leurs enfants, et ils témoignent à ceux-ci un amour inépuisable. La nécessité d'élever les jeunes et de travailler pour eux amène l'union durable de deux individus, un mâle et une femelle, heureux d'être rapprochés dans un sentiment d'affection mutuelle, et la famille se constitue. La loi est générale. Le besoin et le plaisir de vivre ensemble ne vont pas au-delà d'une saison, si dans cet espace de temps les petits sont devenus assez forts pour prendre leur liberté ; ils se prolongent davantage, si la croissance des jeunes est plus tardive. Que ceux-ci réclament pendant un temps très considérable le secours de leurs parents, les époux demeureront presque indéfiniment attachés l'un à l'autre. M. Jules Verreaux, le naturaliste voyageur, particulièrement familiarisé avec l'histoire des oiseaux, en a signalé un exemple chez une espèce fort intéressante à divers titres. Tout le monde a remarqué dans les ménageries ce singulier oiseau de proie qu'on nomme indifféremment le messager, le secrétaire ou le serpentaire. Il a des pattes d'une hauteur comparable à celle des membres d'une grue ou d'une cigogne ; c'est une sorte de faucon monté sur des échasses. Il a une démarche grave et fière ; une huppe raide, située en arrière de la tête et toujours frémissante, lui donne une extrême élégance. A cause de cette huppe, l'oiseau est devenu le secrétaire pour ceux qui y ont vu une ressemblance avec la plume que se mettent derrière l'oreille les gens chargés de tenir les écritures, le serpentaire pour ceux qui ont préféré rappeler une particularité de mœurs de l'oiseau de l'Afrique australe.

Les secrétaires, fort répandus aux environs de la ville du Cap, sont respectés par les habitants à raison des services qu'ils rendent dans la colonie. Autour de la plupart des habitations, il y en a un couple qui établit son aire au sommet des buissons élevés et très ordinairement à la cime des mimosas. Ces oiseaux faisant une chasse incessante aux serpents, on s'explique sans peine l'utilité de leurs grandes échasses. Ils dominent le terrain, et comme leur vue est très perçante, ils distinguent de loin le reptile, qu'il est sage de ne pas aborder sans précaution. Aussi le serpentaire qui a découvert une proie avance avec prudence, et, l'œil animé, les plumes du cou et de la nuque dressées, il épie le moment favorable, puis s'élance d'un bond, et souvent, d'un seul coup de pied appliqué avec une force incroyable, il terrasse sa victime. Parfois le serpent blessé se redresse furieux, sifflant avec rage, et se jette sur l'ennemi ; mais le serpentaire, bientôt remis d'une hésitation et naturellement peu timide, ouvre les ailes pour s'en faire un bouclier, évite les atteintes par des sauts brusques, et, le reptile tombant sur le sol épuisé de fatigue, l'oiseau s'en approche et le tue à coups de pied. Ces sortes de luttes entre un secrétaire et un serpent dangereux produisent toujours une vive impression sur l'esprit des personnes qui en sont témoins. Il y a dans la vie de l'oiseau du Cap des circonstances dont l'intérêt est d'une plus haute portée. Pour lui, le premier âge est d'une longueur remarquable ; les jeunes serpentaires demeurent dans le nid au moins six mois ; ils ont acquis, à peu de chose près, la taille de leurs parents, qu'ils sont encore incapables d'aller chercher leur vie. Leurs jambes et leurs tarses, d'une dimension exceptionnelle, ne se consolident qu'avec beaucoup de lenteur, et, tant que cette consolidation n'est pas faite, ils ne sauraient entreprendre les chasses dangereuses auxquelles les poussent leurs instincts et leurs appétits. Nourrir ces grands enfants d'une voracité sans pareille impose au père et à la mère l'obligation de faire une guerre incessante aux serpents, et, lorsque ceux-ci deviennent rares dans la contrée, de rechercher les lézards et même les insectes. La nécessité de pourvoir aux besoins des jeunes pendant une moitié de l'année, succédant à la durée de l'édification du nid, puis de l'incubation, détermine ainsi chez le serpentaire l'union à peu près indissoluble du mâle et de la femelle.

Cette différence entre les oiseaux, les uns pleins d'intelligence et si faibles au début de la vie que leur existence serait impossible sans une famille, les autres de peu d'instinct et de peu d'intelligence, venant à la lumière dans un état de développement assez avancé pour se suffire à eux-mêmes, apparaît tout aussi prononcée chez les insectes. En général, ceux-ci, à leur naissance, n'ont besoin d'aucun secours ; les espèces de quelques groupes cependant sortent de l'œuf dans un tel état de faiblesse qu'ils périraient tout de suite, s'ils ne recevaient les soins d'une mère ou d'une nourrice. Ce sont ces admirables insectes, — les guêpes, les bourdons, les abeilles, les fourmis, — dont l'industrie, les instincts et l'intelligence déconcertent notre raison.

Nous venons de voir la règle. Les êtres doués de la plus belle organisation ont des enfants trop faibles pour pouvoir être abandonnés :

Section IV

aussi en prennent-ils soin ; mais la règle n'est pas universelle. Des espèces assez voisines des plus remarquables par leur industrie ne savent rien faire pour leurs petits, et cependant ces jeunes animaux, au début de la vie, réclament une assistance de tous les instants. Besoin impérieux à satisfaire d'un côté, impuissance absolue de l'autre, voilà le problème dont la solution est trouvée à l'aide d'un instinct spécial dévolu aux mères incapables de travailler pour leur progéniture. Quand on ne peut pas élever ses enfants, on les confie à des étrangers ; rien de plus simple. Cet oiseau que l'on nomme le coucou est bien connu, et l'on débite encore sur lui des choses fort étranges, sans distinguer toujours entre les vieilles légendes et les récits des observateurs exacts. Le coucou, que l'on entend sans cesse dans les grands bois et que l'on n'aperçoit presque jamais, tant il se cache, ne fait pas de nid, personne ne l'ignore. Inhabile à construire, il va déposer ses œufs dans les nids d'autres oiseaux. La raison de cette incapacité nous échappe ; jusqu'ici aucune particularité connue de l'organisme n'a permis de l'expliquer. Néanmoins une remarque très curieuse a été faite : les individus des deux sexes sont en nombre fort inégal ; il y a quinze ou vingt mâles pour une seule femelle. Devant la foule des prétendants, la femelle, paraît-il, veut plaire à chacun, et ses galanteries perpétuelles la détourneraient de tout devoir maternel. Les coucous portent alors furtivement leur œuf dans les nids de différents oiseaux, le rouge-gorge, le rossignol, la fauvette des roseaux, le pouillot, beaucoup d'autres encore, et ces oiseaux, s'ils ne s'aperçoivent de rien, couvent l'œuf étranger, et après l'éclosion soignent l'intrus comme un de leurs petits malgré sa taille bientôt très supérieure et fort dangereuse pour les légitimes. Si l'on en croit certaines affirmations, la femelle du coucou ne perd pas toutefois en entier le sentiment de la maternité ; elle ne quitte le voisinage des lieux où sont élevés ses jeunes qu'après leur départ du nid.

Quelques insectes se comportent à peu près comme les coucous. Les gros bourdons velus, tantôt roux, tantôt noirs, avec des parties jaunes, fauves ou rougeâtres, si communs pendant la belle saison sur les fleurs des champs ou la lisière des bois, sont des êtres, on le sait, qui travaillent à merveille et qui s'occupent de leur progéniture de la manière la plus irréprochable. A côté de ces insectes industrieux, on rencontre des espèces incapables de tout soin et si pareilles par leurs principaux caractères et par leur aspect à de vrais bourdons que de minutieux naturalistes n'avaient pas su les en distinguer ; mais le jour vint où un observateur, Le Peletier de Saint-Fargeau, plus attentif que ses devanciers, s'aperçut d'une différence significative : ces espèces, confondues naguère avec les bourdons, sont privées d'instrument de travail ; leurs jambes n'ont pas de corbeille pour recueillir le pollen, pas d'épines pour saisir des lames de cire ; le premier article de leurs tarses, encore fort large, n'est plus cependant la palette dont les bourdons se servent comme d'une truelle, il ne porte aucune brosse propre à faire tomber le pollen récolté. Pas d'instruments de travail, c'est l'impossibilité manifeste de construire, c'est aussi l'impossibilité de nourrir les larves. Ces insectes, désignés sous le nom de psithyres, ont recours aux bourdons pour la conservation de leur propre espèce. La ressemblance donnée par la nature à ces deux sortes d'êtres est aisée à expliquer. Le coucou, introduisant un œuf dans le nid d'un petit oiseau, n'a pas à craindre de se faire un mauvais parti, s'il est surpris par le propriétaire. Ce n'est pas la même chose pour l'insecte qui pénètre chez les bourdons ; l'habitation est toujours plus ou moins remplie et gardée par des individus dont les coups sont mortels. La ruse la mieux concertée échouerait. Ici il faut tromper sur sa qualité, il faut paraître bourdon quand on ne l'est pas. Les psithyres ont donc reçu en partage la taille, les formes, les nuances et tout l'aspect des bourdons, et, comme il y a de ces derniers des espèces en assez grand nombre que leurs couleurs distinguent, il y a des psithyres répondant aux particularités caractéristiques de ces différentes espèces. En voyant l'un d'eux, sans crainte d'erreur on peut dire : Voilà le parasite de tel bourdon. Le psithyre entre donc sans être inquiété dans la demeure où l'on travaille, où l'on nourrit les jeunes sujets, son vêtement le fait prendre pour un membre de la famille ; il entre avec la confiance de n'être pas reconnu pour étranger, de n'être point maltraité. Dans les cellules construites en vue d'une autre destination, il dépose ses œufs ; les larves qui en sortiront auront toute l'apparence de celles des bourdons, et ceux-ci, dans leurs soins, n'établiront aucune différence. Ainsi se perpétue une relation entre deux espèces n'appartenant pas au même genre. Les bourdons se passeraient fort bien des psithyres, mais la disparition des premiers serait la perte inévitable des derniers.

Tous ces insectes laborieux qu'on appelle vulgairement les abeilles solitaires et les abeilles maçonnes sont également exposés à recevoir les visites d'hyménoptères de la même famille, incapables de travailler ; mais ces étrangers n'ont pas la livrée des espèces dont ils envahissent les nids ; ils n'en ont nul besoin, ne devant agir que par l'adresse et la ruse. L'abeille solitaire, seule, édifie le berceau de sa postérité, et approvisionne chaque loge d'une quantité de nourriture juste suffisante pour la larve destinée à l'occuper. En quête de sa récolte, elle est obligée de s'éloigner fréquemment ; l'abeille qui ne travaille pas et n'a d'autre souci que d'opérer le dépôt d'un œuf dans la cellule où sa larve mangera la provision amassée pour la larve de l'espèce laborieuse, se tient aux abords du nid où l'on apporte le miel et le pollen ; elle étudie la situation, profite, pour pénétrer dans le réduit, de l'absence du propriétaire, y met un œuf, puis s'échappe furtivement, comme le larron qui ne doute pas du danger qu'il courrait, s'il venait à être rencontré.

Section V

Lorsqu'on arrête ses regards sur les circonstances de la vie des êtres animés, on est très frappé de voir d'un côté des créatures heureusement douées dont les conditions d'existence semblent pleines d'attrait, d'un autre côté des créatures moins favorisées, et enfin des êtres en quelque sorte déshérités dont la vie n'est possible qu'avec le secours ou au moins l'appui d'espèces ayant en partage la force ou l'habileté. De là des associations d'animaux vraiment singulières ; parfois l'infortuné attend sa subsistance de la bonne volonté du riche, plus souvent le faible accompagne le fort soit pour être transporté, soit pour profiter du fretin que ce dernier abandonne. M. van Beneden, l'éminent professeur de l'université de Louvain, appelle ces animaux qui s'attachent à la fortune d'autrui des *commensaux*.

Dans certaines fourmilières habitent de petits coléoptères luisants que l'on nomme des clavigères ; leur tête est surmontée de grosses antennes, et les côtés du corps portent des bouquets de poils. Ceux-là sont bien déshérités ; absolument aveugles, ayant une bouche dont les pièces articulées sont fort petites et très peu mobiles, ils ne peuvent manger seuls, l'assistance des fourmis leur est indispensable. Il existe entre ces insectes une relation des plus curieuses très bien observée par un naturaliste habile, M. Lespès. Les clavigères produisent une liqueur douce qui enduit leurs bouquets de poils ; les fourmis, friandes de tout ce qui est sucré, hument cette liqueur, et les clavigères deviennent pour elles des hôtes chéris. En retour de leurs bons offices, elles les nourrissent en leur donnant la becquée. Lorsqu'on bouscule une fourmilière, chacun sait avec quel zèle, quelle promptitude, quelle sollicitude les fourmis emportent leurs larves et leurs nymphes pour les mettre à l'abri du danger. Elles agissent de la même façon à l'égard des clavigères qu'elles croient menacés. Malgré tout, la condition humble appartient à ces derniers dans l'association, où chacun trouve son compte ; c'est l'esclavage rendu inévitable par des défauts d'organisation. Pour le philosophe, il y a peut-être une chose plus intéressante encore que cette condition d'esclavage dans les relations des fourmis et des clavigères. Les expériences répétées de M. Lespès ont prouvé que les fourmis ont besoin d'une éducation pour apprécier les bienfaits qu'elles peuvent obtenir des petits coléoptères luisants. Toutes les fourmilières de même espèce ne possèdent pas de clavigères. S'avise-t-on de mettre quelques-uns de ces pauvres aveugles dans un nid où il n'en existe pas, les fourmis ne se doutent nullement du bonheur qu'on a voulu leur procurer. Avec leur instinct de chercher à se rendre compte de ce qui se passe dans leur demeure, elles examinent les intrus, et, ne découvrant pas le parti qu'il est possible d'en tirer, elles les mettent en pièces.

Dans certaines associations d'individus d'espèces différentes, il règne une sorte d'égalité ; celle de la moule et du petit crabe connu sous le nom de pinnothère en offre l'exemple. Le pinnothère, auquel on a attribué bien à tort des propriétés malfaisantes sur l'économie animale, trouve un abri dans la moule. Couvert d'une carapace dure comme la pierre, armé de pinces puissantes et doué d'une excellente vue, il tombe à l'improviste sur sa proie, et la dévore tranquillement ; la moule reçoit les reliefs. Il lui donne la pâture, elle lui fournit le logement. — Le plus souvent l'association n'est avantageuse que pour l'individu faible, seul d'ailleurs à la rechercher. — De tout petits poissons restent à demeure dans la bouche d'une grosse espèce de silure des côtes du Brésil, habile à pêcher à l'aide de ses barbillons, et là ils saisissent au passage ce qui leur convient. — Un poisson de la Méditerranée d'une forme effilée, le fierasfer, assez mal partagé pour faire la chasse, s'introduit dans l'estomac des holothuries, où il puise à son aise. Les holothuries sont des zoophytes revêtus d'un tégument très coriace, et qui ont la bouche entourée de tentacules rameux. Les Chinois les mangent, surtout l'espèce qu'on appelle le trépang comestible. Beaucoup d'animaux dont les moyens de locomotion sont très imparfaits, principalement des crustacés, s'accrochent à des poissons et recueillent leur subsistance en voyageant. Des espèces d'une organisation inférieure perdent leur entière liberté ; les cirrhipèdes se fixent pour ne plus jamais se détacher, attirant vers leur bouche les corpuscules flottants à l'aide d'appendices convertis en cirres frangées. Les coronules, qui appartiennent à ce groupe, s'attachent sur la peau des baleines, et sont promenées de la sorte dans les eaux, où les êtres microscopiques propres à les nourrir sont en profusion. Un autre genre d'association est celui des parasites avec les êtres dont ils tirent directement leur subsistance. Parmi ces parasites, il en est d'une organisation si inférieure que le transport de ces animaux chez les individus destinés à les héberger semble dépendre d'un hasard. Les vers intestinaux n'ont pas d'appendices, ils se meuvent dans les plus étroites limites ; l'arrivée de ces vers au lieu où l'existence leur est possible n'est le fait ni de leur instinct, ni de celui de leurs parents. Les êtres savent d'autant mieux lutter contre les chances d'accidents que leur organisation est plus parfaite, que leurs instincts et leur intelligence sont plus développés. Pour les espèces inférieures très exposées aux chances de destruction, le désavantage est compensé par une extrême fécondité. Chez les espèces impuissantes à se protéger, la fécondité devient immense. Les vers intestinaux ne sont mis en situation de vivre que par des circonstances presque fortuites ; leurs œufs sont produits et répandus en nombre incalculable.

Section VI

Toutes les coïncidences du genre de celles que nous venons d'examiner entre les aptitudes physiques et l'organisme des êtres peuvent être saisies dans les moindres détails par l'observation et l'expérience. Seulement ce n'est point aux phénomènes de l'ordre physique que la science doit s'arrêter dans l'étude de la vie, les phénomènes de l'ordre psychologique lui appartiennent aussi. La liaison est intime entre les deux ordres de phénomènes. Pour s'en convaincre, il suffit de comparer entre eux quelques animaux dans toutes leurs manifestations, et ces animaux à l'homme lui-même. Nous ne sommes plus au temps où l'on croyait sérieusement que les bêtes sont de simples machines.

L'esprit humain a tout d'abord été frappé par les différences prodigieuses qui se révèlent dans les formes, dans la conformation organique, dans les habitudes des êtres. La diversité est immense en effet, car chaque espèce porte son empreinte dans des caractères zoologiques et biologiques parfaitement appréciables ; mais, après une longue suite de recherches, l'unité dans le plan général a été dévoilée. On avait reconnu chez tous les êtres animés les mêmes appareils organiques, les mêmes tissus, les mêmes fonctions, le même commencement. Ce qui diffère, c'est le degré de développement ou de perfection, ce sont les appropriations. Les facultés du domaine de l'intelligence sont-elles soumises à une autre loi ? Poser la question, c'est faire comprendre tout ce qu'il y aurait là de contraire à l'harmonie des phénomènes naturels ; rapprocher les faits les mieux démontrés par l'observation et l'expérience, ce sera fournir les preuves évidentes que la loi est la même. Cuvier a dit un jour : « Pour bien connaître l'homme, il ne faut pas l'étudier que dans l'homme. » Le grand naturaliste songeait surtout aux détails matériels de l'organisme. Avec une égale vérité, on peut ajouter : Pour bien connaître l'intelligence, il ne faut pas l'étudier seulement dans les manifestations de l'intelligence humaine.

Comme on a déjà pu en juger par les détails que nous avons rapportés sur la vie de divers animaux, les instincts très développés chez les espèces douées d'une riche organisation se restreignent en même temps que l'organisation se dégrade. Tout animal a l'instinct de faire usage des instruments qu'il possède, et la nature de ses instruments détermine le genre de ses opérations. L'homme ne fait nulle exception à cette règle. Saurait-on s'imaginer des hommes réunis en un petit groupe isolé qui ne se serviraient pas de leurs mains pour façonner des armes, des outils, des ustensiles, pour se bâtir des abris avec les matériaux à leur portée, pour se confectionner des vêtements, si le froid les rend nécessaires ? Parfois une ressemblance dans les produits de l'industrie de peuplades fort éloignées a conduit à supposer d'anciens rapports ou une communauté d'origine, lorsqu'on aurait été dans la vérité en reconnaissant que les individus avaient obéi aux mêmes instincts sans avoir besoin d'aucune tradition. Partout l'intelligence se montre unie à l'instinct ; pas d'instinct possible sans une intelligence pour le diriger et le dominer. On a cru à deux sortes de phénomènes indépendants l'un de l'autre, faute d'avoir étudié d'une manière comparative les circonstances de la vie chez l'homme, les mammifères, les oiseaux et les insectes. L'intelligence a ses degrés, manifestes à l'égard des individus, beaucoup plus manifestes à l'égard des espèces, et de même que dans l'organisme la dégradation ou le perfectionnement ne porte pas toujours sur l'ensemble, mais seulement sur quelques parties, de même l'intelligence peut demeurer forte en quelques points et très affaiblie en d'autres points. Voir dans l'intelligence des animaux des réductions proportionnelles de la nôtre serait s'abuser étrangement. Buffon était aveuglé par une idée de ce genre en ne voulant reconnaître chez le castor qu'un instinct machinal, parce que ce mammifère n'a pas l'esprit du chien ou du renard. Le castor possède dans ses robustes dents incisives des instruments propres à couper le bois, dans sa queue une véritable truelle, dans ses pieds de devant presque des mains. Il a tout ce qu'il faut pour bâtir, il a l'instinct de la construction, et son intelligence se montre admirable dans la série des actes que ses travaux exigent. Les castors choisissent l'endroit le plus convenable à leur établissement ; sur une rivière sujette à des débordements, ils élèvent une digue avant de construire leur habitation ; ils se dispensent de ce travail sur un lac dont le niveau change peu ; ils coupent un arbre de façon à le faire tomber du côté de l'eau, c'est-à-dire du bon côté ; ils le taillent comme il convient ; les individus se partagent la besogne, l'un enfonce les pieux, l'autre applique le mortier ; ils parent aux accidents, à l'inondation. Quelle suite d'observations et de réflexions nécessaires ! Le castor a une spécialité, il possède une merveilleuse intelligence dans cette spécialité : hors de là, il est fort ordinaire, et certes, comme le remarque Buffon, il n'a pas l'esprit du chien.

Il est impossible de songer sans une sorte de terreur à quoi se réduirait l'intelligence d'un homme privé de tous les sens. Toutes nos idées 'sur le monde extérieur nous arrivent par leur intermédiaire. Chez les animaux, les mêmes sens existent à des degrés de développement très variables ; mais, pour apprécier avec une entière rigueur les nuances dans les impressions que peuvent transmettre les organes, d'immenses recherches sont indispensables ; elles s'exécuteront, et le résultat ne pourra manquer de nous éclairer sur les phénomènes de l'ordre intellectuel. La possibilité de parvenir à expliquer toutes les perceptions des êtres par l'étude comparative des organes des sens paraît évidente. On distingue moins bien ce que l'investigation anatomique du cerveau fournira de lumière sur les actions mentales ; jusqu'à présentées actions ne sont reconnues que par les manifestations qui nous frappent. Nous constatons simplement d'une manière générale que le volume relatif du cerveau et le degré de centralisation des masses nerveuses sont en rapport avec l'étendue des instincts et de l'intelligence. Seulement, dès l'instant que l'on aura obtenu une notion précise des organes des sens et des facultés de chaque espèce, l'étendue des perceptions pouvant être déterminée de la façon la plus nette dans tout animal, il sera permis de concevoir l'espérance d'arriver à un résultat considérable en étudiant le cerveau d'une manière comparative chez les espèces reconnues susceptibles des mêmes perceptions et chez les espèces ayant des perceptions d'un autre genre. En procédant de la sorte, la science rebelle à toute croyance venant de l'imagination ne s'écartera pas des voies de l'observation et de l'expérience.

Les êtres bien organisés ont une mémoire surprenante, sans cesse remarquée par les personnes qui aiment la compagnie des animaux ;

Émile Blanchard

ceux-ci se souviennent d'un bienfait, d'une injure surtout. Un chien reconnaît l'ami de la maison après nombre d'années, et les lieux qu'il revoit après une longue absence. La faculté de raisonner, de comparer, d'apprécier les situations, ne se sépare point de la mémoire. Les animaux sauvages se montrent confiants dans les localités où l'homme les laisse vivre en paix, pleins de défiance dans les endroits où la présence de celui-ci leur est devenue redoutable. Le témoignage des voyageurs qui ont exploré des contrées inhabitées est précieux à recueillir. « C'est une chose curieuse, dit Livingstone, que d'observer l'intelligence des animaux sauvages. Dans les contrées où on les chasse avec des armes à feu, ils se tiennent dans les endroits les plus découverts du pays, afin d'apercevoir le chasseur du plus loin qu'il est possible. Il m'est arrivé si souvent, lorsque j'étais sans armes, d'approcher, sans les inquiéter, d'animaux qui, lorsque j'avais mon fusil, s'enfuyaient dès que j'apparaissais, que je suis persuadé qu'ils comprennent parfaitement le danger qu'ils courent dans ce dernier cas et la sécurité qu'ils peuvent avoir en face d'un homme désarmé. Ici, où ils n'ont à craindre que les flèches des Balondas, ils demeurent pendant le jour au fond des forêts les plus épaisses, où le tir de l'arc est beaucoup plus difficile. »

Il est curieux d'observer l'effort d'un animal cherchant à comprendre. Une glace est posée à terre, un chat survient qui se montre fort intrigué en apercevant son image. Il approche, croyant voir un autre individu de son espèce, et, ne pouvant le toucher de son museau, il lance des coups de griffe contre le verre. L'obstacle reconnu, il va regarder derrière le cadre, et, n'y découvrant personne, il revient et recommence le même manège, toujours inutile ; puis, comme saisi d'une idée lumineuse, le corps frémissant, le poil ébouriffé, il se dresse contre le bord du cadre, envoyant des coups de pattes des deux côtés à la fois pour être certain de ne pas manquer d'attraper le mystificateur. Seulement, après s'être convaincu de l'inutilité de ses manœuvres, il abandonne la place, résigné à ne pas comprendre, à peu près comme un Arabe auquel on aurait voulu expliquer le système de la télégraphie électrique. Malgré tout, l'animal a fait preuve d'autre chose que d'un instinct machinal. On a mis en doute que les animaux eussent la conscience de leurs actes, et cependant, à défaut d'études sérieuses, la plus vulgaire observation devait à cet égard enlever toute incertitude. Un chien a été habitué à respecter les victuailles dans la maison qu'il habite, mais parfois il ne résiste pas à la tentation ; c'est toujours furtivement qu'il dérobe un bon morceau, et, s'il craint d'être surpris, il se sauve au plus vite comme un vrai larron. Dans une maison vivait un cobaye, c'est-à-dire un cochon d'Inde, animal d'une intelligence assez bornée. Le pauvre petit adorait les fruits, et au dessert de son maître, qui dînait seul plongé dans la lecture, on le mettait sur la table chargée de fraises, de poires ou de pommes. Il savait qu'il lui était interdit de rien prendre sans l'avoir reçu. A certains jours, s'il n'était pas promptement servi, la tentation devenait trop vive ; le moindre regard l'arrêtait, mais, impatienté d'attendre, il venait frapper de son museau le bras de son maître, et grimpait après lui en grognant, si l'appel semblait n'avoir pas été entendu. Des faits tout aussi concluants pourraient être énumérés presque à l'infini. Les sentiments, les passions, se manifestent chez les animaux sous tous les aspects. Un chien prend une personne en affection, une autre en haine, il a des préférences et des antipathies de toute sorte. Un perroquet reçoit les meilleurs traitements de tous les membres de la famille qui se l'est attaché ; pour l'un d'eux, il n'a que des amitiés, des câlineries, des gentillesses ; avec un autre, il est réservé ; avec un autre, il est méchant. L'animal intelligent est dans ses amours plein de tendresse. Les jolis oiseaux chanteurs sont ravissants à contempler quand ils se font leurs agaceries ; l'émotion qu'ils éprouvent se traduit par toute sorte de signes, leur poitrine se soulève plus fort qu'à l'ordinaire, leur petit cœur bat plus vite. Le sentiment est l'apanage de toutes les créatures d'élite.

C'est se tromper beaucoup de croire que les animaux sont insensibles à la beauté. A certains moments, ils semblent eux-mêmes animés du désir de paraître beaux ; les cerfs et toutes les espèces de la race féline prennent une attitude fière ; les oiseaux qui ont une belle huppe dressent cette huppe, ceux qui ont une belle queue, tels que les paons, étalent cette queue, comme dominés par le sentiment de l'orgueil. Du reste il est évident, d'après l'observation, que la beauté des individus d'un sexe doit produire sur ceux de l'autre sexe une assez forte impression. Ils acquièrent tout leur éclat dans le temps où les mâles et les femelles se rapprochent. Les poissons, chez lesquels on aperçoit à peine quelques pâles lueurs d'intelligence, prennent alors des couleurs d'une vivacité surprenante. Beaucoup, d'oiseaux en plumage de noce semblent avoir revêtu des habits de fête ; le gentil chardonneret, le gai pinson sont tout brillants, le bouvreuil, habituellement d'un rose terne, s'est empourpré. On aurait tort de penser que, parmi les animaux richement organisés, un mâle pouvant choisir s'unisse indifféremment à la première femelle venue, une femelle à un mâle sans le moindre souci des avantages extérieurs ; l'observation ne permet pas d'accepter une semblable opinion. Un amateur distingué, M. le comte Primoli, qui aime les oiseaux et qui sait une infinité de choses charmantes sur leurs ménages, s'était procuré plusieurs de ces énormes. pigeons obtenus par une suite de *sélections*, et désignés par les oiseleurs sous les noms de pigeons de Hollande et de pigeons romains. L'époque de la pariade arriva, et ce fut l'instant de choisir, ici un époux, là une compagne. Il y avait dans le voisinage des pigeons ordinaires ; or il advint que chaque gros pigeon, alla rechercher une petite compagne, chaque grosse femelle un époux de petite taille. On voit des choses semblables ailleurs que chez les animaux. Pour conserver la race, il fallut rendre les communications impossibles.

Les mammifères et les oiseaux les mieux doués témoignent leur joie à l'idée d'une distraction, comme les chiens de chasse en voyant prendre les fusils, comme les chevaux fringants quand on se prépare à les faire sortir. Ils éprouvent de l'ennui, et l'on sait que l'ennui est quelquefois mortel, même pour les bêtes. Les conditions de la vie ne se bornent aux besoins purement matériels que chez les espèces inférieures. Les mammifères et les oiseaux aiment à s'amuser ; souvent le jeune chat ne veut pas jouer tout seul, et à sa manière il vous invite à jouer avec lui. Les animaux ont des colères terribles ; la passion de la vengeance peut les exciter à un point extrême ; il n'est pas jusqu'à des insectes, tels que les guêpes et les abeilles, qui ne poursuivent un agresseur durant des heures entières, cherchant à le blesser. Tous les êtres se montrent paresseux ; l'oiseau, qui a pour devoir de construire un nid, se dispense de cette besogne, s'il rencontre un vieux nid qu'il puisse aisément réparer. On a songé à mettre à profit cette paresse pour retenir ou même attirer les petits oiseaux dans les lieux où ils étaient devenus rares ; des nids artificiels ont été placés dans les arbres et les buissons, et le succès a été complet. La plupart des abeilles solitaires ont aussi leur paresse. Des espèces de ce groupe qu'on nomme les anthidies ont fourni à un entomologiste anglais un exemple de paresse qui mérite d'être noté, tant il prouve l'intelligence de ces curieux insectes. Les anthidies garnissent habituellement leurs nids d'une sorte de flanelle qu'elles confectionnent lentement avec la bourre des fruits des scrofulaires et des bouillons blancs ; des individus de ce genre, apercevant des vêtements de flanelle qui séchaient sur le pré, allèrent en tailler des morceaux. Le travail était tout de suite fait.

L'homme, qui domine la création entière par l'ensemble de ses aptitudes physiques, par ses facultés intellectuelles et par la possession de la parole, est soumis en ce monde aux mêmes lois que les

Section VI

autres créatures. On a, répété complaisamment que seul il fait des progrès, et un physiologiste célèbre, qui s'est beaucoup occupé des fonctions du cerveau, a exprimé cette pensée par une sorte de sentence : « l'animal ne fait jamais de progrès comme espèce ; l'homme seul fait des progrès comme espèce. » Cela semble vouloir dire que les hommes d'aujourd'hui ont une supériorité naturelle sur ceux de l'époque de Moïse ou du temps de Périclès ; en réalité, on a confondu l'espèce humaine avec la société, qui se perfectionne et qui grandit par le travail de ses membres.

En résumé, le grand caractère d'unité qui se dégage de l'ensemble des faits de l'ordre physique se dégage également de l'ensemble des faits de l'ordre intellectuel les mieux observés et les plus indiscutables. De même que les aptitudes, que les fonctions perdent en importance lorsque les instruments se simplifient et disparaissent lorsque les organes n'existent plus, les facultés de l'ordre intellectuel, s'amoindrissent quand l'organisme se dégrade. Nulle part les phénomènes de la vie ne diffèrent essentiellement ; ici se manifestant avec éclat, ailleurs d'une manière faible, ils s'évanouissent lorsqu'il n'y a plus d'instruments pour les produire. Chez les êtres animés, l'union est intime entre tous les phénomènes, et seule la reconnaissance de cette vérité, qui est un récent progrès issu de l'étude et de la raison, prépare à l'investigation scientifique une nouvelle voie, et promet à l'esprit humain de nouvelles lumières.

ISBN : 978-1547072453

Émile Blanchard